Paso a paso

La historia de un crayón

Todo comienza con cera

Robin Nelson

ediciones Lerner ◆ Mineápolis

ediciones Lerner
Una división de Lerner Publishing Group, Inc.
241 First Avenue North
Mineápolis, MN 55401, EE. UU.

Si desea averiguar acerca de niveles de lectura y para obtener más información, favor consultar este título en www.lernerbooks.com.

Créditos de las imágenes: Gabriel Perez/Moment/Getty Images, p. 3; DEX IMAGE/Getty Images, pp. 5, 23 (cera); William Thomas Cain/Getty Images, pp. 7, 9, 13, 15, 17, 19, 23 (máquina) (moldeado) (trabajador); Kosolovskyy/iStock/Getty Images, p. 11; David Tonelson/Shutterstock.com, p. 21; JGI/Getty Images, p. 22. Portada: artisteer/iStock/Getty Images (crayones); R.Tsubin/Moment/Getty Images (dibujo con crayones).

Fuente del texto del cuerpo principal: Mikado Medium.
Fuente proporcionada por HVD Fonts.

Library of Congress Cataloging-in-Publication Data

Names: Nelson, Robin, 1971- author.
Title: La historia de un crayón (the story of a crayon) : todo comienza con cera (it starts with wax) / Robin Nelson.
Other titles: Story of a crayon. Spanish
Description: Minneapolis : ediciones Lerner, 2022. | Series: Paso a paso (step by step) | Includes bibliographical references and index. | Audience: Ages 4-8 | Audience: Grades K-1 | Summary: "What does it take to make hot wax into a colorful crayon? Discover all of the steps in a crayon's journey from start to finish. Now in Spanish!" — Provided by publisher.
Identifiers: LCCN 2021019085 (print) | LCCN 2021019086 (ebook) | ISBN 9781728441894 (library binding) | ISBN 9781728447834 (paperback) | ISBN 9781728443973 (ebook)
Subjects: LCSH: Crayons—Juvenile literature. | Paraffin wax—Juvenile literature. | Manufacturing processes—Juvenile literature.
Classification: LCC TS1268 .N45318 2021 (print) | LCC TS1268 (ebook) | DDC 665.5/385—dc23

LC record available at https://lccn.loc.gov/2021019085
LC ebook record available at https://lccn.loc.gov/2021019086

Fabricado en los Estados Unidos de América
1-49944-49787-6/15/2021

Pinto con crayones.

¿Cómo se hacen?

La cera se derrite en una fábrica.

Un trabajador agrega color.

11

La cera se moldea.

La cera se endurece.

Los crayones se envuelven y se colocan en cajas.

Crayola
Crayola
CHALK
RETURN TO CRAYON

Una trabajadora controla los crayones.

Una máquina
ordena los crayones.

Los crayones son empaquetados.

Los crayones se envían a las tiendas.

Crayola
Preferred by Teachers
16
Cra-Z-Art
Twistables
Crayons
24
10ct Mini Twistables
Crayons
$1.27
57¢
$1.97
$4.47
48 CRAYOLA CRAYONS
48 CRAYOLA ULTRA-CLEAN WASHABLE CRAYONS
Cra-Z-Art
48
Washable
Crayons
NEW!
Washable Crayons
School Quality!
Crayola
64 Crayons & Case
2 Ways to Use!
Store
Display
Crayola
ULTRA-CLEAN
WASHABLE
CRAYONS
COLOR MAX
48
Cra-Z-Art
48
Washable
Crayons
Crayola
64 Crayons & Case
3+

Hago dibujos con muchos colores.

Glosario con imágenes

cera

máquina

moldeado

trabajador

Otros títulos

Miller, Derek L. *Crayons*. New York: Cavendish Square, 2020.

Nelson, Robin. *The Story of a Baseball Bat: It Starts with Wood*. Minneapolis: Lerner Publications, 2021.

Schuh, Mari. *The Crayola Counting Book*. Minneapolis: Lerner Publications, 2018.

Índice